图书在版编目（CIP）数据

北京中轴线 / 月珍编著；老张, 面包绘. -- 北京 :电子工业出版社, 2024.5

ISBN 978-7-121-44873-7

Ⅰ. ①北… Ⅱ. ①月… ②老… ③面… Ⅲ. ①城市规划 – 北京 – 少儿读物 Ⅳ. ①TU984.21-49

中国国家版本馆CIP数据核字（2023）第014777号

责任编辑：赵 妍 季 萌
印　　刷：北京利丰雅高长城印刷有限公司
装　　订：北京利丰雅高长城印刷有限公司
出版发行：电子工业出版社
　　　　　北京市海淀区万寿路173信箱　邮编：100036
开　　本：889×1194　1/16　印张：3.75　字数：62.5千字
版　　次：2024年5月第1版
印　　次：2025年2月第3次印刷
定　　价：68.00元

凡所购买电子工业出版社图书有缺损问题，请向购买书店调换。若书店售缺，请与本社发行部联系，联系及邮购电话：（010）88254888，88258888。

质量投诉请发邮件至zlts@phei.com.cn，盗版侵权举报请发邮件至dbqq@phei.com.cn。

本书咨询联系方式：（010）88254161转1860，jimeng@phei.com.cn。

小猛犸原创绘本

月珍 编著　老张 面包 绘

北京中轴线

承载千年文化古韵 ◎ 北京城的传奇脊梁

电子工业出版社
Publishing House of Electronics Industry
北京·BEIJING

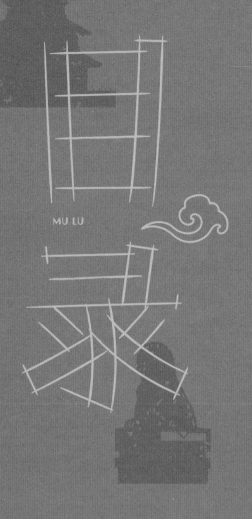

目录

MU LU

万宁桥

始建于元朝，大运河入积水潭的闸口

景山

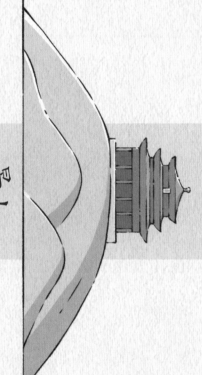

万春亭位于山顶正中，可南望故宫，北眺钟鼓楼

社稷坛

保存最为完整的中国古代皇家祭祀太社
和太稷的礼仪建筑群

故宫

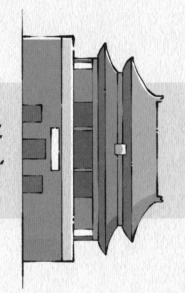

旧称紫禁城
世界上规模最大、保存最完整的木构宫殿建筑群
1925年设立故宫博物院

太庙

明清两代皇家祖庙
1950年设立劳动人民文化宫

北京中轴线游览地图

明清北京城的中轴线南起永定门，北至钟鼓楼，直线距离长约 7.8 千米。

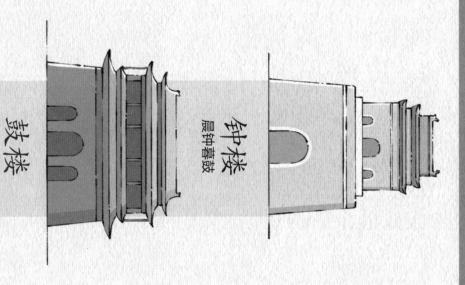

鼓楼

钟楼
晨钟暮鼓

天安门及广场
明清两代皇城的正门及世界上最大的城市广场

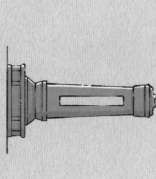

人民英雄纪念碑
由花岗岩和汉白玉砌成，反映了从鸦片战争时期到解放战争时期中国人民反帝反封建的革命历史

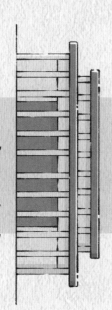

毛主席纪念堂
以毛泽东主席为核心的中国第一代革命领导人的纪念堂

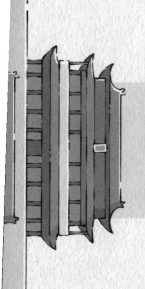

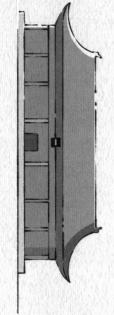

先农坛

现存中国规模最大的古代皇家祭祀农神之所

1915 年外坛北侧开放为城南公园

现设有北京市古代建筑博物馆

正阳门（箭楼）

原名丽正门，俗称前门，京师九门之一

每年春夏可在此看到唯一冠名北京的鸟"北京雨燕"

御道

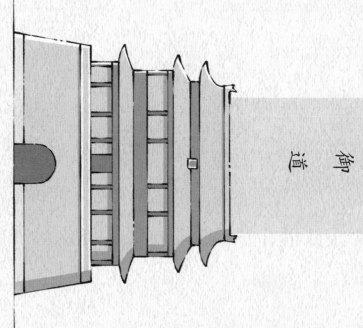

永定门

始建于明朝嘉靖年间，1957 年拆除

2004 年原址复建，现辟有永定门公园

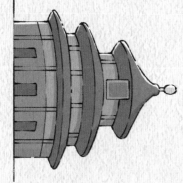

天坛

现存规模最大、保存最为完整的

明清皇家祭天建筑群

20 世纪初作为公园对外开放

欢迎搭上开往北京中轴线的列车 · 17

这，就是北京城的传奇脊梁 · 51

开篇：历史上北京城是如何运转的

北京是一座拥有三千多年历史的古都，作为大一统中国的国都，有近八百年的历史。这里是中央权力机关的所在地，更是全国的"神经中枢"。作为首都，北京城经历过多次改朝换代，见证着千变万化的政治风云。但作为老百姓生活的城市，它又是怎样运转的呢？

● 九门提督与顺天府

在封建王朝时期，北京贵为国都，"九门提督"则是专门负责维护京城地面治安的官称，为中央提供可靠安全的环境。

至于居住在京城的百姓，他们的杂事、纠纷乃至官司谁来管呢？以一条线为界，东边归大兴县管辖，西边归宛平县管辖。这条线以永定门为起点，北到地安门、钟鼓楼，就是我们现在所说的"北京中轴线"。就连九门提督缉拿到的各类嫌犯，也要移交这两个县处理，因为九门提督并没有审判权。而大兴与宛平的两位县太爷，虽然名义上贵为"京官"，却只对居民有司法权。它们头上还摆着个顺天府，它主要管的事情是科举。

老北京城以里，名义上，顺天府和九门提督共同管理，其实九门提督根本不会和它商量；老北京城以外，顺天府对自己管辖的区域也不能独断，要和直隶总督府共管。直隶总督是从一品大员，顺天府尹才正三品，所以"共管"也只是客套话罢了。

● 北京城的"外来人口"

那个时候，城市的接纳能力不高，人口流动也相对较少。所以每逢大批赶考学子集中进京之时，北京的城市管理就迎来了一个重大考验。

有记载，进京赶考的学子最多的一年，学子人数达到一万人。俗语说，老北京城是"三步一庙、五步一寺"，这些学子便可以借住在庙里。庙里不但有空闲的房屋，还有藏经楼。藏经楼就像一座图书馆，那可是读书人朝思暮想的好地方。

各省官员来京暂住，不能都进庙里，于是，名目甚多的会馆便应运而生。会馆大多是三进的四合院。据考，老北京城里会馆有将近五百家，散布在各处。最早的南昌会馆建于明永乐年间。在清代鼎盛时期，全国范围内23个省1700多个县先后在北京建立会馆。

● 北京城里的"堆兵"

"堆兵"是清朝时期对警察的称呼。老北京城里，堆兵无处不在，他们的最高上级就是九门提督。城里的居民，谁家生了孩子，谁家有了红白喜事，谁出了远门，谁家来了"客人"，堆兵都了如指掌。此外，这些堆兵还有另一项任务，那就是保证自己负责的地盘交通通畅，还要到处探查，预防火灾。

● "京兆尹"的诞生

设立北京为一级实际机构，是在1912年民国以后，称为"京兆"，设"京兆尹"。所谓京，是极大的意思，兆表示数量众多。定名京兆，显示出一个大国之都的气派与规模。此后，民国十七年（1928年）废京兆地方，改为北平，中华人民共和国成立后改为北京。旧时的城市终于变成了现代意义上的大都市。

●北京城的"内城"和"外城"

"内城"指的是皇城以内，也就是东、西两城。八旗中的六个占据了内城的大部分地区，还有数目可观的王府。他们之下，公、侯、伯、子、男这些贵族，也各自拥有大大小小的府邸。六部口一带，建造了六部衙门，是集中办公的地方。东、西城本来面积就不大，所以留给普通居民的地方便少得可怜。居民基本在东、西城的顺城街一带居住。过了顺城街，到城墙根底下，都有守军驻扎，百姓是万万不能靠近的。

"外城"指的是宣武、崇文二区。除八旗中的两个在此驻扎外，还有大批高官居住，留给普通百姓的地盘比内城大一些。在此居住的人必须有所贡献，大多是"前店后厂"。他们要给中央干活，他们的很多产品直接由皇商定时定期购买，比如同仁堂、月盛斋、内联升等。

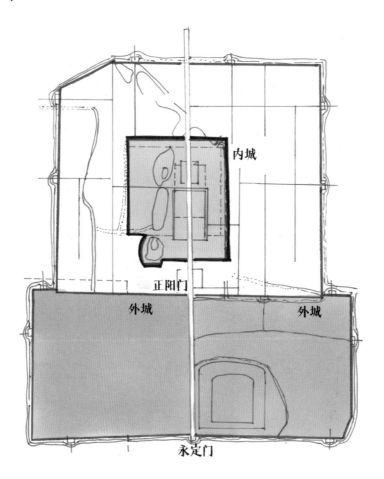

● 老北京的生意人

　　"前门、西单、鼓楼前"说的就是老北京生意人盘踞的三处，都是商业繁华的地方。在皇城以外，饭庄、当铺、古玩行、果品店、文房四宝堂、鼻烟铺、戏园子、钱庄、布店、鞋店、首饰店、理发店、澡堂子、刀剪行、煤铺、粮店、杂货店、菜站、鱼行、肉铺、熟食店、饽饽店林立，应有尽有……这些生意人，靠的是过人的观察力，专门对百姓的生活"查缺补漏"，把买卖做"活"，做进了北京城。如今的北京城，繁华的商业街不胜枚举，人流熙攘，流光溢彩映衬着大都市的喧嚣与繁华。

🏯 北京中轴线的背景

　　讲完老北京的历史，再来看看北京城的命脉，这条撑起北京城的传奇脊梁——中轴线。

　　中轴线是北京城的生命之线，就城市发展与建筑艺术而言，是非常珍贵的历史文化遗产。北京城先有规划后建城，中轴线就是这一规划的核心。

　　北京城有"一轴一线"：

　　▶ "一轴"即北京中轴线，南起永定门，北至钟鼓楼，全长7.8千米，是世界上最长的城市中轴线。

　　▶ "一线"即从朝阳门至阜成门的大街，大街两旁有许多文物，被称为北京的历史景观长廊。

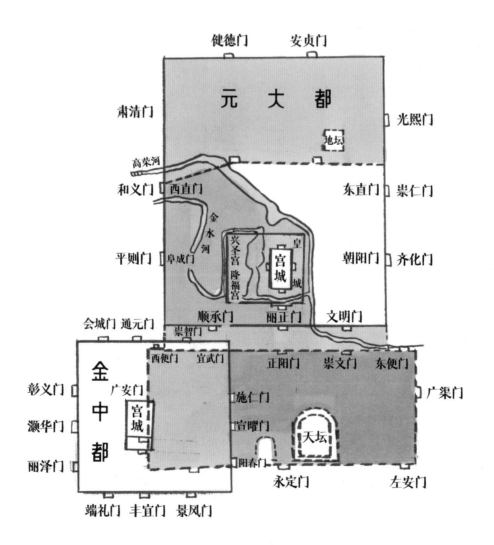

建筑大师梁思成在《北京——都市计划的无比杰作》一文中写道:"大略地说,凸字形的北京,北半是内城,南半是外城,故宫为内城核心,也是全城布局中心,全城就是围绕这中心而部署的。但贯通这整个部署的是一根直线,一根长8公里,全世界最长,也是最伟大的南北中轴线,穿过了全城。北京独有的壮美秩序就由这条中轴的建立而产生。前后起伏、左右对称的体形或空间的分配都是以这中轴为依据的。气魄之雄伟就在这个南北引申,一贯到底的规模。"

北京中轴线的布局

北京中轴线南起外城永定门,经内城正阳门、中华门、天安门、端门、午门、太和门,穿过太和殿、中和殿、保和殿、乾清宫、坤宁宫、神武门,越过万岁山及万春亭、寿皇殿、鼓楼,直抵钟楼的中心点。

这条中轴线连着四重城,即外城、内城、皇城和紫禁城,好似北京城的脊梁,鲜明地突出了九重宫阙的位置,充分体现了封建帝王"居天下之中、唯我独尊"的思想。

北京中轴线的对称特点

按照传统的"隆庙社、崇阙坛"规制,中轴线两旁对称排列着各种坛庙建筑物。天坛、先农坛、东便门、西便门、崇文门、宣武门、太庙、社稷坛、东华门、西华门、东直门、西直门、安定门、德胜门沿中轴线对称分布。所有皇室宫殿、坛庙、政府衙署和其他重要建筑都依附着这条中轴线,结合在一起。

这些建筑既是古都北京的象征,又是中华文明的象征。

北京中轴线的诞生史

● 北京中轴线的起源

早在元代，中轴线就正式形成了，位置在如今旧鼓楼大街的中心线及其向南的延伸线上，越过太液池东岸的宫城中央。

到了明代，统治者将北京中轴线向东移动了 150 米，最终形成现在的格局。

建立中轴线，目的是强调封建帝王的中心地位，正如中国之名，意为"世界中央之国"一样。城市的总体布局以中轴线为中心，左面为太庙，右面为社稷坛；前面是朝廷，后面为市场，即"左祖右社""前朝后市"，因此北京在布局上成为世界上最辉煌的城市之一。

● 元大都的中轴线

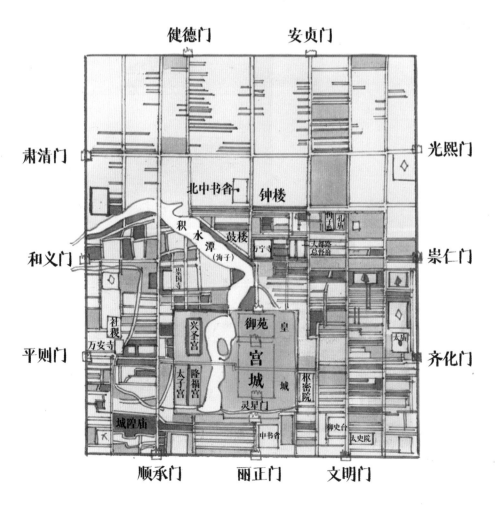

元代在建大都时,因为水源枯竭,所以舍弃了金中都旧址(今北京城西南方),在它的东北郊另选新址。元大都是经过严格规划设计而建造起来的,继承了唐宋都城建设的传统,设计了明确的城市南北中轴线。

元大都的规划设计中,首先于积水潭东北岸选定了全城的几何中心(相当于现在鼓楼的位置), 设中心台,建中心阁。由中心台向南,切积水潭东岸向东最突出的地方(相当于现在后门桥的位置), 引一条正南正北的直线,确定它为全城的中轴线,这就是现在北京旧城中轴线的确定之始。

至元二十二年(1285),元大都整体基本竣工。

元大都的中轴线南起丽正门,北达中心阁,全长约3750米。大内主城门和主殿都建在这条中轴线上,配殿和其他建筑分列两侧,从而形成一组相对完整的中轴线建筑群。

● 明代的北京中轴线

明代的中轴线基本沿袭了元大都的,但在元代的基础上有很大的创新与发展,向南向北延伸,这使明代北京城中轴线的纵深感更强,空间序列更加丰富。

一、紫禁城向南扩展,强化了皇帝"面南而王"的地位。嘉靖年间修建外城,继续将中轴线向南延伸至永定门,使进入皇城的距离拉得更长,纵深感更强。

二、在紫禁城后堆积了一座土山,当时叫万岁山,后改称景山。这使紫禁城形成背山面水(金水河)之势,有了靠山。这座山起到镇山的作用,镇压了前朝的"王气",更增加了中轴线的制高点。

三、将元朝安排在城东西两侧的太庙、社稷坛安排在皇城内的紫禁城前面两侧,强化了"左右对称、中轴明显"的皇城格局。

四、将钟鼓楼移到了元代中心台的位置,使中轴线在此恰到好处地结束。

五、将天坛、山川坛(先农坛)安排在进永定门后的中轴线两侧,使中轴线一开始就有整齐对称、中心明显的特点。

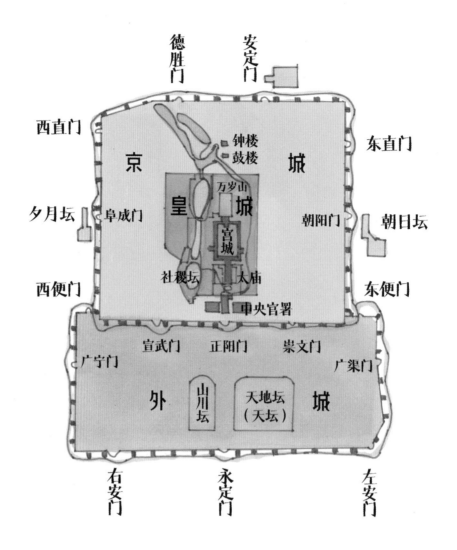

● 清代的北京中轴线

清代的北京中轴线完全承袭了明代的中轴线，没有变动，但经过精雕细琢，使其显得更加完美。

经过明末的战争，皇宫中的建筑受到很大程度的破坏。清代定都北京后，全面修缮了皇宫和城楼。如清顺治八年（1651）重建了天安门城楼，将原承天门正式改为天安门，将北安门改为地安门。

清初还重修了宫城的三大殿，将明末的皇极殿、中极殿、建极殿，改为太和殿、中和殿、保和殿，奠定了"内和外安"的文化定位。

乾隆三十一年（1766）重修了永定门，不仅提升了它的规制，还增建了箭楼，使中轴线的起点更加宏伟、明显。

清代对景山的修建是对中轴线的重要贡献。清顺治十三年（1655），将明代的万岁山正式改名为景山。不仅寓意观景之山，还有更深的含义，景由"日"与"京"组成，寓意"日下的京城"，"日"代表皇帝，即皇帝所居之处。

后来又对山前、山后、山峰都进行了精雕细琢。山前修了绮望楼，山后修了寿皇殿，都在中轴线上。在山上还对称地修了五座亭子，最高处的亭子名为万春，另外四座分别名为观妙、周赏、富览、辑芳，居于中峰中轴线上，方形，三重檐，四角攒尖顶。整齐对称排列的五座亭子更突出了中轴线的作用，将中轴线的完美推向了高峰。

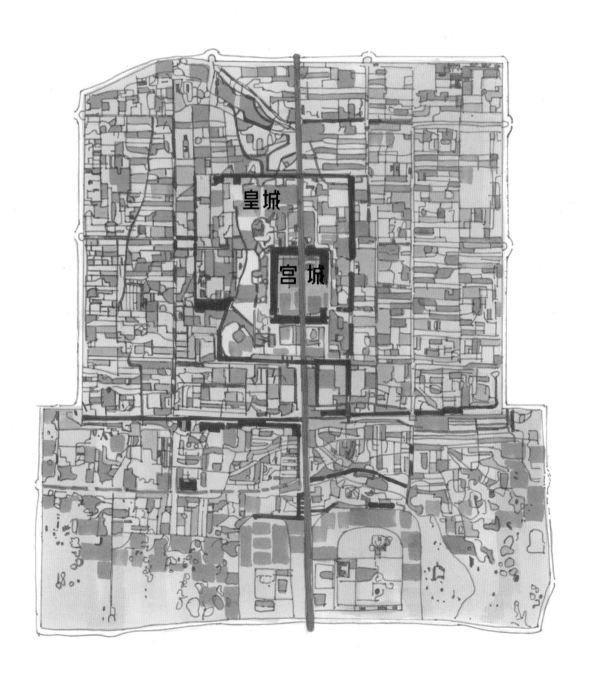

北京中轴线的三大里程碑

随着北京的发展，中轴线也发生着变化，有三个里程碑。

第一个里程碑是历史上北京城的中心建筑——紫禁城。它代表的是封建王朝统治时期北京城市建设的核心，是中国传统建筑艺术的一大杰作。紫禁城的核心当然是中轴线。

第二个里程碑是中华人民共和国成立后，天安门广场的建立。它赋予了具有悠久传统的中轴线以崭新的意义，在文化传统上有着承前启后的特殊含义，显示出城市建设上古为今用、推陈出新的时代特征。

第三个里程碑是国家奥林匹克体育中心的兴建。它是北京城中轴线向北的延伸，也是北京中轴线第一次转过头来向北发展，是北京城走向国际、走向世界的一个标志。

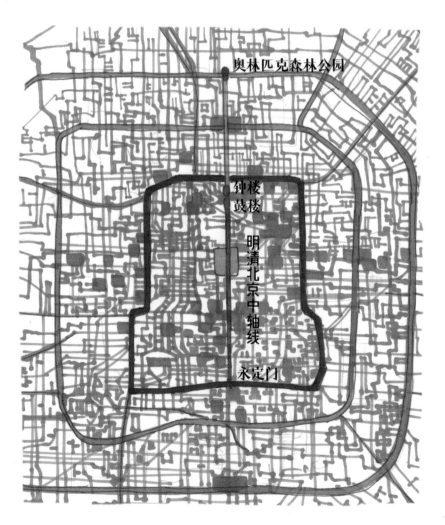

🏯 欢迎搭上开往北京中轴线的列车

● 第一站：北京中轴线的最南端——永定门

　　永定门是明清北京外城墙的正门，是北京中轴线的起点，始建于明嘉靖三十二年（1553），寓意"永远安定"。永定门也是明清时期外城门中规模最大的。2004年，永定门城楼复建，成为北京第一座复建的城门。

　　永定门位于北京城中轴线的最南端，兴建时间比同样位于中轴线上的正阳门（1419年始建）晚了130多年。北京城在明永乐年间修建之初是没有外城的，后来加筑的外城共设七座城门，永定门位于左安门和右安门的正中间，属于正门，同时又是从南部出入京城的要道，所以永定门的地位要高于其他六座外城门。

永定门石匾

　　永定门复建之前，2003 年，人们在离永定门很近的先农坛门口的一株古柏树下发现了一块永定门石匾。这块石匾长 2 米，高 0.78 米，厚 0.28 米，楷书的"永定门"三字雄浑苍劲，保存完好。经过鉴定，这确实是明嘉靖三十二年（1553）始建永定门时的原件。如今复建的永定门，门洞上方石匾所嵌的"永定门"三字，就是仿照它雕刻的（原件被博物馆收藏）。

第二站：南城仅有的一座皇家禁苑——先农坛

　　先农坛位于北京城中轴线南段永定门西侧，与天坛遥相对应。这组古建筑群始建于明永乐十八年（1420），是明清两代皇帝祭祀先农、山川、神祇、太岁的场所。

　　先农坛是北京皇家祭祀建筑体系中保存较完好的一处，是全国祭祀等级最高、规模最大、保存最完整的古代祭农场所，也是南城仅有的一座皇家禁苑。

先农坛

先农坛初建时称"山川坛",合祀先农、五岳、五镇、四海、四渎、风云雷雨、四季月将诸神。先农坛有两重垣墙,形成内外两坛,主要建筑集中在内坛。坛墙南方北圆,象征"天圆地方"。先农坛其实并非只有先农坛一座建筑,而是由多组建筑构成的建筑群,包括先农神坛、神厨库院、太岁殿、观耕台、天神地祇坛、神仓、庆成宫等。

先农坛自建成后,便受到明清各朝帝王的重视。每年春天开始播种之际,皇帝就会亲率文武百官在先农坛行籍田礼,祈求上天保佑这一年五谷丰登、风调雨顺。据记载,清朝皇帝亲自祭祀先农多达200余次,充分说明了耕祭在中国传统文化当中至高无上的地位。

什么是籍田礼?

籍田礼是皇帝在特定的地方模拟耕田的仪式,反映出农业在古代国家政治、经济中的重要地位。在清代,籍田礼举行的前一天,户部、礼部官员要和顺天府官员把耕籍器具与农作物的种子送给皇帝御览,之后皇帝再授还给顺天府官员,送到先农坛籍田处。仪式举行的当天清晨,皇帝在文武百官的簇拥下来到先农坛,先到先农坛行祭礼,然后在俱服殿换上明黄色的龙袍,由导驾官和太常寺卿充当导引,来到耕籍位。皇帝右手扶犁,左手拿鞭,往返犁三次。府丞捧着装有种子的青箱,由户部侍郎跟着皇帝播种。亲耕之后,皇帝上观耕台看三公九卿籍田。亲耕仪式后,还有一系列赐茶、设宴、歌舞、杂戏等活动。

此图出自《清史图典》,描绘的是清代雍正皇帝祭先农仪式时的场景

● 第三站：中国古建筑中的明珠——天坛

　　天坛原叫天地坛，它位于东城区永定门内大街东侧，是明、清两朝皇帝祭天、求雨和祈祷丰年的地方，也是世界上现存规模最大、形制最完美的古代祭天建筑群。如果从南门进、北门（或东门）出，依次可以看到圜丘、皇穹宇、丹陛桥、祈年殿和皇乾殿。

　　天坛包括圜丘和祈谷二坛，围墙分内外两层，呈回字形。北围墙是圆弧形，南围墙与东西墙成直角相交，是方形。这种南方北圆的围墙，通称"天地墙"，象征着古代"天圆地方"之说。外坛墙东、南、北三面均没有门，只有西边修了两座大门——圜丘坛门和祈谷坛门（也称天坛门）。内坛墙四周则有东、南、西、北四个门。内坛建有祭坛和斋宫，并有一道东西横墙，南为圜丘坛，北为祈谷坛。

天坛

除祈谷坛和圜丘坛外，天坛还有两组与众不同的建筑群，即斋宫和神乐署。斋宫实际是座小皇宫，是专供皇帝举行祭祀前斋戒时居住的宫殿，也有河道围护。神乐署则隶属礼部太常寺，是专门负责祭祀时进行礼乐演奏的官署。它是一个常设机构，拥有数百人的乐队和舞队，平时进行排练，祭祀时负责礼乐。署衙的位置在外坛西部，与斋宫隔墙相邻，是一组标准的衙署建筑。

丹陛桥

丹陛桥是一条长360米、宽29.4米的贯通南北的砖石台基。丹陛桥南端台基高1米，北端台基则高达3米，由南向北，象征着步步登高。丹陛桥又称神道、海墁大道，中间是神道，左边是御道，右边是王道。古时，神走神道，皇帝走御道，王公大臣走王道。

第四站：北京最大的城门——正阳门及箭楼

正阳门俗称前门，是明清两代北京内城的正南门，也是老北京"京师九门"之一。正阳门位于北京城中轴线上的天安门广场最南端，毛主席纪念堂南边。

正阳门始建于明永乐十七年（1419），原名"丽正门"，明正统年间改名为"正阳门"，一直沿用至今。正阳门是正阳门城楼和它南面箭楼的统称，因为位于皇城和宫城的正前方，百姓习惯称它为"前门"。正阳门见证了几个世纪的国运兴衰、朝代更替。

正阳门的城楼、箭楼、瓮城、正阳桥和五牌楼以及正阳门瓮城内的关帝庙、观音庙共同构成了一组布局合理、造型庄严、气势恢宏的建筑群，建筑规格高于内城其他八门。正阳门素有"三桥、四门、五牌楼"之说。

▶ "三桥"指的是箭楼正南面的正阳桥。它其实是一座石拱桥，但宽阔的桥面被栏杆分隔成三路通道，居中的通道正对着箭楼门洞，称为御道，只有皇帝才能通行。

▶ "四门"指的是正阳门共有四个门洞，即城楼门洞、箭楼门洞、瓮城两侧东西闸门各一个门洞。内城的其他城门只有城楼门洞和瓮城单侧闸门的门洞，而它们的箭楼皆无门洞，只具备防御堡垒功能。

▶ "五牌楼"的名字缘于正阳门牌楼是五间、六柱、五楼的建筑样式。在明代，京城九门都建有牌楼，但正阳门的牌楼规格最高，有五个开间。

正阳门城楼

第五站：雄伟挺拔、庄严肃穆的毛主席纪念堂

毛主席纪念堂位于正阳门和人民英雄纪念碑之间，是一座坐南朝北的正方形大厦，分地下一层、地上一层。44 根方形花岗岩石柱环抱外廊，南北正面上方镶嵌着镌刻有"毛主席纪念堂"六个金色大字的汉白玉匾额，整体建筑雄伟挺拔，庄严肃穆，具有独特的民族风格。

纪念堂四周是以苍松、翠柏为主的绿化带。纪念堂北门和南门外，还各有一组长 15 米、高 3.5 米的群雕。北门的群雕题为《丰功伟绩》，南门的群雕题为《继承遗志》。

毛主席纪念堂为什么设计成正方形呢？

这是为了让人从天安门广场的任何一个角度看纪念堂都比较完整。经过设计师的严格测算，它的面宽为 75 米，高度为 33.6 米，从广场的哪个角度瞻望，都是清晰相宜的。另外，我们今天见到的毛主席纪念堂正门是向北的，这打破了"坐北朝南"的传统建筑格局。其中有两个原因：一是遵照毛主席确定的"人民英雄纪念碑北面为正面"的指示，使纪念堂与纪念碑朝向一致；二是使纪念堂面向在广场上集合的主要人群。现在看来，这一规划思想是明智的。

毛主席纪念堂南门及《继承遗志》群雕

第六站：彰显革命先烈纯洁坚定的革命信念——人民英雄纪念碑

在天安门广场的中轴线上，从天安门城楼的南墙再向南大概 463 米，矗立着中国自古以来最大的一座纪念碑——人民英雄纪念碑。它于 1958 年 4 月 22 日建成，与天安门、人民大会堂、中国国家博物馆、毛主席纪念堂共同组成了具有鲜明中国特色的标志性建筑群。

人民英雄纪念碑碑基占地面积约 3100 平方米，碑高 37.94 米，由 17000 块坚固美观的花岗岩和汉白玉砌成。碑身正面最醒目的部位是一块高 14.4 米、宽 2.72 米的巨大花岗岩，上面刻着毛泽东主席题写的"人民英雄永垂不朽"八个大字。

中国古代的石碑起源于墓葬，大多是木板状的扁平形态，四方体的石碑非常少见。"中国古碑都矮小郁沉，缺乏英雄气概，必须予以革新。"建筑学家梁思成先生认为，建筑民族化要推陈出新。人民英雄纪念碑四方体的碑形设计，正是他首先强调的"中而新"观点的集中体现。

人民英雄纪念碑的建立，在时间与空间上都有着重大的政治象征意义。人民英雄纪念碑建设过程中，大量使用北京房山地区的汉白玉，不仅是因为取材便利、材质精良，更重要的是汉白玉能体现出革命先烈那种纯洁坚定的革命信念。

人民英雄纪念碑

纪念人民英雄的石碑矗立在这条极具政治意义的中轴线上，象征着人民才是新中国真正的奠基者，更是国家的真正主人。

人民英雄纪念碑的八幅浮雕

众所周知，人民英雄纪念碑上有八幅浮雕，它们分别是：虎门销烟，金田起义，武昌起义，五四运动，五卅运动，南昌起义，抗日游击战争，胜利渡长江、解放全中国。

第七站：世界上最大的城市广场——天安门广场

天安门广场位于北京市正中心，地处东城区东长安街，北起天安门，南至正阳门，东起中国国家博物馆，西至人民大会堂，南北长880米，东西宽500米，面积达44万平方米。广场中心干道铺砌由橘黄色、蓝青色花岗岩组成的"人"字形路面，长达390米，宽80米，共用花岗岩石料3.12万平方米。中心干道可同时通过120列游行队伍，宽阔的广场可容纳100万人游行集会。

天安门广场整齐对称、气势磅礴、宏伟壮观，是北京城一大胜景，更是世界上最大的城市广场。

明清时期，天安门广场还叫天街，是一个梯形广场，是明清王朝举行盛大政治活动的场所，整个广场是不开放的，老百姓不得入内。辛亥革命以后，清王朝被推翻，天安门广场才逐步对外开放。

1949年，中华人民共和国成立时，开国大典就是在天安门广场举行的。从此，这里就成了人民的广场。每逢重大庆典，人们总会在这里欢聚，庆祝属于自己和祖国的节日。

每天太阳升起的时候，武警国旗护卫队都要来到天安门广场，升起五星红旗。

世界人民大团结万岁

Broad And ZhunXinchun·泰鸿城600井2020.10

第八站：中国国家的象征——天安门城楼

天安门坐落于北京市区中心，位于北京中轴线上，面临长安街。天安门原是明清两代皇城的正门，始建于明永乐十五年（1417），于1420年建成。最初仅是一座三层五间式的木结构牌楼，名字叫作"承天门"，意思是承天启运、受命于天。

天安门是明清两代皇帝颁诏的地方，遇上新皇登基、大婚、祭天祭地等重大庆典活动才会启用；另外，御驾亲征或大将出征，都要在天安门前祭路、祭旗，以求马到成功、得胜归来。

▶外金水桥——城楼前有外金水河，河上飞架七座汉白玉雕栏石桥，中间一座最宽阔的称为"御路桥"，专为皇帝而设；"御路桥"两侧有供宗室王公行走的"王公桥"；"王公桥"左右的"品级桥"是供三品以上官员行走的；四品以下的官员只能走"公生桥"。

▶华表——华表是天安门的重要标志，均高9.57米，直径0.98米，重约20吨，有一个八角形石座，外面是正方形的玉石围栏，上面刻有云龙，还有精美的图案。围栏四角各有一个立柱，柱顶蹲着一只小狮子。华表柱身上雕刻着巨龙盘旋而上。华表上端是一个"朵云横木"，顶端是承露盘。有说法称，上面的小动物是龙的孩子之一：犼。犼性喜守望，因此华表也被称为"望柱"。

▶石狮——天安门前金水桥南北各安置着一对身躯庞大的石狮。这四尊汉白玉大狮子雕刻精致。据《中国狮子艺术》一书记载："这两对石狮雕刻于明代永乐十五年，高2.5米，加上底座总高近3米，头顶13个疙瘩，按当时规制，是最高等级的石狮。"

中华人民共和国成立后，政府对天安门进行过多次修葺，现今天安门已焕然一新。天安门正中门洞上方悬挂着毛泽东画像，两边是"中华人民共和国万岁"和"世界人民大团结万岁"的大幅标语。左右两侧有大型观礼台，供大型庆典贵宾观礼之用。金水河南岸辟有绿化带，花木四季常青。

● 第九站：体现以农为本的民族精神——社稷坛

社稷是"太社"和"太稷"的合称，社指土地神，稷指谷神，而土地神和谷神是以农为本的中华民族最重要的原始崇拜物。后来，"社稷"就被用来借指国家了。

北京社稷坛是明清皇帝祭祀土地神、谷神的地方，位于天安门城楼西侧，社稷坛的位置是按照中国古代典籍中国都布局"左祖右社"的规矩安排的。

社稷坛

▶ "左祖"，即紫禁城左前方安排有皇家祭祖的地方，就是太庙（现为劳动人民文化宫）。

▶ "右社"，即紫禁城右前方安排有皇家祭神的地方，就是社稷坛（现为中山公园）。

社稷坛台是一座三层的方台，总高为 1 米，自下向上逐层收缩。每层方台都用白石栏杆圈起来，中间填足三合土。最上层每边长 16 米，中层每边长 16.8 米，下层每边长 17.8 米。祭台的地基全部用的是汉白玉，雪白圣洁，气派非凡。

坛的最上层铺垫有五色土。依据天干地支和五行学说，金木水火土是日常生活中最基本的五种物质，它们代表了五方五色：东为青色土，南为红色土，西为白色土，北为黑色土，中为黄色土，象征金木水火土五行，寓意全国疆土，即"普天之下，莫非王土"。五色土厚8厘米，明弘治五年（1492）改为一寸（3.3厘米）。祭坛正中是一块1.67米高、0.67米见方的石社柱，一半埋在土中，每当祭礼结束后全部埋在土中，再加上木盖。

第十站：中国现存的皇家祭祖建筑群之一——太庙

太庙位于天安门东侧，按照"左祖右社"的古制与紫禁城同时建成，是明清两代皇帝祭祖的地方，也是中国现存较完整、规模较宏大的皇家祭祖建筑群。1950年改名为"北京市劳动人民文化宫"。

太庙的主体建筑为三大殿，大殿对面是大戟门。大戟门外是玉带河与金水桥，桥北面东、西各有一座六角井亭，桥南面为神厨与神库。再往南便是五彩琉璃门，门外东南有宰牲房、治牲房和井亭等。

太庙

太庙的正门设于天安门内御路东侧，称太庙街门，是皇帝祭祀太庙时所走之门。这道门与天安门内御路西侧社稷坛门相对称。

太庙中有古树710多棵，树种为侧柏或桧柏，多为明代太庙初建时所植，少数为清代补种。树龄高者达500岁以上，低者也有300岁以上。这些古柏千姿百态，浓密苍翠，绵延成林，环绕太庙中心建筑群，与黄瓦红墙交相辉映，形成庄严清幽的环境。

第十一站：天安门与午门之间的屏障——端门城楼

端门

端门城楼始建于明永乐十八年，是明清紫禁城的正门，整个建筑结构和风格与天安门相同。端门城楼在明清两代主要用于存放皇帝仪仗用品。

在明清两代，皇帝出巡、狩猎、祭祀时都要有百官相送的仪式。皇帝自皇宫出午门后，一定要先登上端门，一是为了祈求此次出行有个良好的开端，二是等待天安门外随行百官整装，黄土铺路、净水泼街等仪式完毕，端门大殿内的铜钟鸣响，皇帝一行才浩浩荡荡地离开端门。

皇帝归来的时候，也不可悄悄进行，同样要先登上端门，待宫内迎候的太监、嫔妃准备齐整，才敲响大钟进入午门，寓意此次出行圆满结束。

端门也有五个门洞，中洞最大，高 8.82 米，宽 5.52 米，位于皇城中轴线。左右各两个门洞由内到外依次缩小，分别是 4.43 米宽和 3.83 米宽。

中间门洞只有皇帝能走，两侧是王公和三品以上官员走的，最外侧是四品以下官员走的。城门洞中各有两扇朱漆大门，门上布有鎏金铜钉，横竖各九个。

第十二站：世界上保存最完整、规模最大的木结构古建筑群——故宫

白雪却嫌春色晚 故穿庭树作飞花

辛丑年正月

故宫，也就是紫禁城，是中国乃至世界上保存最完整、规模最大的木结构古建筑群，与法国凡尔赛宫、英国白金汉宫、美国白宫、俄罗斯克里姆林宫并称"世界五大宫"。

　　整个故宫建筑群南北长 961 米，东西宽 753 米，有房屋 8000 余间，四面围有高 10 米的城墙，城外有宽 52 米的护城河，可谓固若金汤。

　　紫禁城曾是中国明清两代的皇家宫殿，始建于 15 世纪初期，前后共经历 24 位皇帝。明代都城起初在南京，永乐四年（1406），开国皇帝朱元璋的第四子——明成祖朱棣在南京即位的第四年，便起意迁都北京，遂下诏以南京皇宫为蓝本在北京开始营建新皇宫。历时 14 年，永乐十八年，新的宫殿主要建筑建造完成。

　　为什么叫紫禁城呢？在古代，紫微星被认为是帝星，因为它正处中天，是所有星宿的中心，位置永恒不移，为天帝居所，称为"紫宫"。而古代帝王讲究天人合一、天人感应，总是自比"天子"。既然"天帝"的居所是天上的"紫宫"，他们在人间的住所也应称为"紫宫"。此外，古代帝王居住的皇宫四周警戒森严，不是寻常百姓可以随便出入的，否则就是"犯禁"，因而"紫宫"也就成了一座"禁城"，即"紫禁城"。

　　如今的故宫，已不再是昔日皇家的紫禁城，而是属于人民的故宫博物院。它是时代的标志，更是古人智慧的结晶。

　　它的价值早已不限于朱红高墙内的宫阙亭台，有形的故宫已成为中华优秀传统文化传承、中外文化交流的场所和见证者；无形的故宫延续着中华文明血脉，承载着国家记忆，彰显着中华文化实力。

故宫内中轴线上建筑

　　午门（紫禁城正门）—内金水桥—太和门—太和殿—中和殿—保和殿—乾清门（内廷正宫门）—乾清宫—交泰殿—坤宁宫—坤宁门—御花园—钦安殿——顺贞门—神武门（紫禁城北门）。

第十三站：中国保存最完好的宫苑园林之一——景山

　　景山位于故宫的北面，坐落在北京城的中轴线上，西临北海，南与神武门隔街相望，是明、清两代的御苑。这里曾经是北京城中心的最高点，也是中国保存最完好的宫苑园林之一。

景山最早可不叫"景山"，它有过好几个"曾用名"：

▶元代时，这里有座小土丘，叫作"青山"。

▶明代修建皇宫的时候，还曾在这里堆过煤，所以又称"煤山"。

▶由于它的位置正好在全城的中轴线上，又是皇宫北边的一道大屏障，所以，风水术士又称它为"镇山"。

▶明清时期，园内种了许多果树，还养过鹿、鹤等动物，因而山下又叫百果园；山上呢，就叫万岁山了。清顺治十二年(1655)，正式更名为景山。

景山公园内古树参天，山峰独秀，殿宇巍峨，还有多个品种的牡丹花，美不胜收。山上有五座精美的亭子横向排列，由西到东分别是富览亭、辑芳亭、万春亭、观妙亭、周赏亭，中峰万春亭则坐落在北京城中轴线的制高点，尽享天时地利。

从万春亭可以俯瞰故宫全景，欣赏气势恢宏的宫廷建筑，更能一览京城龙脉，领略整齐对称的布局神韵。

景山辑芳亭

● 第十四站：京城中轴线上第一桥——万宁桥

万宁桥在地安门北边，地安门俗称皇城后门，万宁桥顺理成章地被称为后门桥。这座桥始建于元代至元二十二年（1285），开始时还只是一座木桥，后来改建为石桥。万宁桥是由通惠河进入什刹海的门户，所有进入什刹海的漕运船只都要从万宁桥下面通过。它在保证元大都的粮食供应上发挥过巨大作用，也是北京漕运历史的实物见证。

不仅如此，万宁桥还是确定北京中轴线的最初坐标。万宁桥从元代起就一直是北京城中轴线必经之地。

随着时间的流逝，京城水系发生了极大的变化。明朝时，漕运已不再进入北京城，河道淤塞，水路不通。民国之后，万宁桥桥身下半部已埋入地下，后来又经历多次修路、铺沥青，桥身已几乎不见，两侧桥栏更是残破不堪。

2000 年，北京市对万宁桥进行整治修缮，疏通了桥下的河道，两侧筑起石砌护岸，修补了石望柱和石栏，恢复了明代万宁桥的原貌。现在石桥的东西石拱券正中上方各雕有一对饕餮兽头，仿佛在大口吞水。而在桥东西两侧的南北石砌护岸上，雕有四只镇水兽，造型古朴，似龙似虎，仿佛随时准备镇住洪水，护卫着北京城。

2009 年 9 月 25 日，万宁桥下 480 米长的玉河旧貌换新颜，新建的玉河完全按照古河道走向修复而成，再现了水穿街巷的美景。漫步在河岸边，只见小桥流水人家，青墙灰瓦古巷，恍若江南。但又有与江南不同之处，玉河在京城灿烂的阳光下，波光粼粼，更多的是阳刚之美，这在江南水乡是难见的。

●第十五站：晨钟暮鼓，见证历史——钟鼓楼

钟鼓楼是坐落在北京中轴线北端的一组古代建筑，是钟楼和鼓楼的合称，位于东城区地安门外大街北端，是元、明、清都城的报时中心。在城市钟鼓楼的建制史上，这处的形制最高，是古都北京的标志性建筑之一。

钟楼

随着历史的发展，钟鼓楼的功能也不断发生着变化。在元、明、清三朝，鼓楼置鼓，钟楼悬钟，昔日文武百官上朝、百姓生息劳作都以"暮鼓晨钟"为提示。

北京钟鼓楼始建于元代至元九年（1272），当时位于大都城的中心，后毁于大火。明永乐十八年重建，并确立了它坐落于都城中轴线北端的地位。钟鼓楼在清代历经修复，现在我们见到的鼓楼建于明代，钟楼则建于清代。

暮鼓晨钟

古代以日晷或铜壶测得时辰，再以击鼓报时，让民众知晓。由于鼓声所传的范围有限，南朝齐武帝时期，为了使报时声传得更远，在景阳楼内悬挂一口大铜钟，改为晚上击鼓报时，白天敲钟报时，开了"暮鼓晨钟"的先河。当然，报时的方式，历朝历代各有不同。

鼓楼

第十六站：国家游泳中心——水立方

国家游泳中心又叫"水立方"，位于北京奥林匹克公园内，与国家体育场分列于北京城市中轴线北端两侧。

"水立方"是北京为 2008 年夏季奥运会修建的主游泳馆，也是 2008 年北京奥运会的标志性建筑物之一。

它的设计方案，是经过全球竞赛产生的"水立方"。这个看似简单的"方盒子"大有学问，是中国传统文化和现代科技融合的产物。俗话说："没有规矩不成方圆。"按照规矩做事，就可以获得整体的和谐统一。中国传统文化中"天圆地方"的思想催生了"水立方"，它与圆形的"鸟巢"（国家体育场）遥相呼应，相得益彰。

"水立方"周身被"智能泡泡"包围着，它们的作用是反光遮阳。对一个游泳池来说，它需要"温度"，所以工程设计之初，就要考虑它的整体热负荷问题。

"水立方"晶莹通透的外貌不仅可以给人带来美丽的视觉感受，而且有极高的实用性，每当太阳高高升起，阳光便可以直接照入室内，起到给游泳池和室内空气加热的作用。

"水立方"

● 第十七站：国家体育场——鸟巢

　　"鸟巢"，即国家体育场，外形结构主要由巨大的门式钢架组成，共有 24 根桁架柱。它南北长 333 米，整体的巨形马鞍形空间由钢桁架编织成了"鸟巢"般的结构。国家体育场改进了建筑功能和性能，将持久地贯彻绿色奥运的概念。

　　作为北京 2008 年奥运会与残奥会的主会场，"鸟巢"承办了北京奥运会、残奥会开闭幕式、田径及足球等相关活动和赛事。盘根错节的体育场立面与几何体的建筑基座合为一体，如同"树和树根"，组成了一个体量庞大的建筑编织体。

　　国家体育场的整体设计新颖激进，外观如同孕育生命的巢，更像一个摇篮，寄托了人类对未来的希望，因而成为 2008 年北京奥运会的标志性建筑，博得了世界的瞩目。

"鸟巢"

第十八站：架起的五环标志——北京奥林匹克塔

2016 年 6 月 12 日，北京诞生了一个新地标——坐落在中轴线上的奥林匹克塔。

它的塔体由五座 186 米至 246.8 米高的独立塔组合而成，是以"生命之树"为设计理念建造的，寓意为大地隆起开裂，生命之树破土而出，自然生长，在塔顶逐渐向四周延展，形成树冠，似一束鲜花，似礼花绽放，似清泉喷涌。五座高低不同的塔身在空中似合似分，造型独特，蕴含着奥运五环蓬勃向上的精神风貌。设计汲取中国传统文化中的圆形元素，同时从植物形态中寻求灵感，体现了人文特色和生态理念。制高点上，奥运五环标志于塔顶永久性落成。

继加拿大蒙特利尔之后，北京成为第二座独立且永久安装奥运五环标识的城市。奥运精神必将在世界的东方进一步发扬光大，北京这座历史文化名城也必将因此走向新的辉煌。

● 第十九站：北京中轴线延长线的最北端——仰山

北京中轴线的北向延长线最终完美消融于自然山林之中，而这片自然山林，就是我们熟悉的奥林匹克森林公园。

奥林匹克森林公园是北京最大的城市公园，被誉为 2008 年北京奥运会的"后花园"。它占地面积 6.8 平方千米，有 10 个北海公园那么大。公园的"生态森林"像一块"绿肺"，适合北方地区自然气候条件的多个植物品种，在森林公园内共同构成一个生态群落，为众多生灵提供欣欣向荣的空间，尤其是为鸟类提供适宜的栖息地，以维持自然界生态平衡。

奥林匹克森林公园里，每一处景色都体现出自然美与人类奇思妙想的融合，是一座生态环保、景色怡人的城市公园。

仰山，是奥林匹克森林公园内的主山，海拔86.5米，相对高度48米，为京城北部最高点，位于五环路南侧、北京城中轴线上，是公园的核心景区，也是京城一道亮丽的新景观。登上此山，近望鸟巢、水立方和奥运大道，远眺燕山山脉，着实让人心情开朗。

鸟的家园

由于奥林匹克森林公园生态系统复杂，环境安静，所以吸引了很多鸟群在这里落脚。据统计，公园内的野鸟已经超过200种，从春季的迁徙候鸟、夏季的苦恶鸟，到秋天的翠鸟、冬天的喜鹊，一年四季都有许多不同鸟类活跃在水面林间。这里也就顺理成章地成了继天坛、圆明园、颐和园等知名"鸟点"后的又一个观鸟好去处。

这，就是北京城的传奇脊梁

结语：中国精神永垂不朽

北京是一座古都，也是世界性的历史文化名城。中轴线是北京规划建设方面最大的亮点，这条"北京脊梁"历经数百年，汇聚了最具价值的代表性文物建筑，是城市格局和历史风貌的集中体现。

由这些规格最高的建筑群构成的北京中轴线，是全国最完美的都城中轴线，也是世界上独一无二的城市中轴线。它严谨的设计、辉煌的建筑和宏伟的气势，不仅在人类建筑史上留下了无与伦比的一页，而且作为永存的人类文化遗产，向世界展示着东方博大精深的历史文化。

最后借用建筑大师梁思成先生的一句话："北京的独有的壮美秩序就由这条中轴线的建立而产生。"随着时间推移，北京中轴线更成为中国历史和中华文明发展的见证，成为城市中复杂多样的不同阶层文化的载体，成为北京城历史底蕴与现代科技融合共存的最美写照。

落日余晖鸽声环绕

北海公园

辛丑年正月初三